克里斯蒂娜·舒马赫 – 施赖伯

曾在德国的明斯特和意大利的贝加莫学习德语和文学，同时为多家报社撰稿，之后在大型歌剧院工作多年。自 2016 年起，她一直是自由撰稿人兼翻译工作者，出版过多部儿童读物，且热爱着她所涉猎的多个领域的创作内容。

斯蒂芬妮·玛丽安

独立插画家兼作家，曾在明斯特设计学院攻读插画设计专业。她的第一批作品就是在求学期间出版的。目前，她居住在布伦瑞克附近。她已经创作了多部绘本，并为期刊和杂志绘制插图。

奖 项 情 况

2020 年古斯塔夫 – 海涅曼儿童与青少年图书和平奖

2020 年莱比锡阅读指南针奖

2019 年度 EMYS 儿童与青少年非虚构类图书奖

2019 年 12 月德国少儿文学研究院气候图书奖

2019 年 KIMI–Siegel 儿童与青少年多样性文学奖

大自然的诗篇

地球之温

气温上升1℃，世界会如何改变？

[德] 克里斯蒂娜·舒马赫-施赖伯　著
[德] 斯蒂芬妮·玛丽安　绘
宋佳露　译

朝華出版社
BLOSSOM PRESS

地球越来越热。
　　地球升温的速度快到前所未有，过去 150 年里（约 1870—2020 年），地球的平均温度上升了大约 1℃。

我一点儿也看不出气候的变化！

上升1℃是什么感觉呢？

地球存在了约46亿年，如果把这段时间比作1年，那么150年大约就是1秒钟！对地球来说，150年非常短暂，仿佛眨眼之间。

150年？奶奶，您都没有那么老呢！

气候与天气不是一回事儿。
天气经常变化。

可能今天阳光灿烂，
让人想吃冰淇淋。

也可能明天下雨，
孩子可以玩跳水坑。

而后天，
家门口可能刮起大风。

气候和天气不同，我们很难立即看到气候发生变化。
气候是指在一个地方多年来经常出现的天气情况。

要描述一个地区的气候，一般需要考察该地区 30 年的情况。研究人员每天收集信息，测量特定区域的气温、水温、风向、风力、降水量等，并将所有数据记录下来。经过一段时间后，就可以看出该地区整体上是温暖还是寒冷、潮湿还是干燥。

测量风向

测量气温

测量降水量

科研站

地球与太阳
之间的距离：
约1.5亿千米。

多亏了太阳，地球上才有了适宜生物包括人类生存的气候。生物需要空气、水、营养物质、光和温暖才能生存。只因地球与太阳之间的距离恰好合适，才产生了这些条件。地球如果距离太阳太近，就会过于炎热；距离太远，就会过于寒冷。在这两种情况下，生物都无法存活。

地球被无形的气体包围，我们称这些气体为"大气层"。大气层含有氧气等各种气体，有了它们，人类等动物才能呼吸。有些气体使一部分阳光热量被大气层储存起来。大气层就像巨大的花房，把热量储存其中，因为花房的别称是温室，所以这种现象也被称为"温室效应"。

在地球上，各个区域的气候并不相同。太阳光的照射使某些地区比其他地区更加温暖。因此，存在不同的气候带。

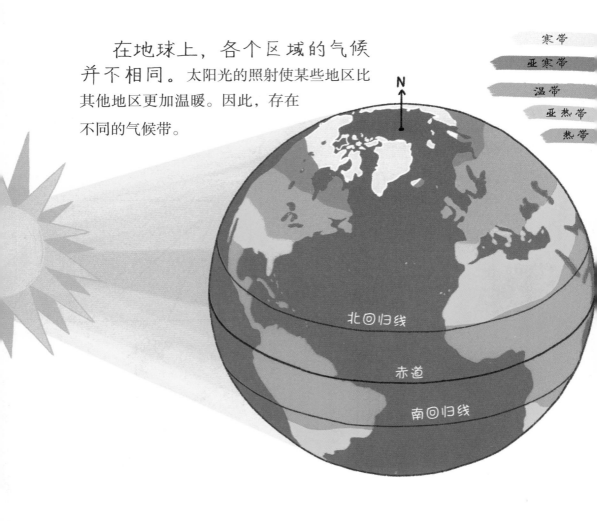

寒带
亚寒带
温带
亚热带
热带

北回归线

赤道

南回归线

阳光几乎全年直射赤道附近地区，这里温度最高，属于热带。在温带，夏天不会太热，冬天不会太冷。而极地气温最低，因为这里被阳光照射的角度很小，所以储存的热量很少。

寒带　　　　　　　　　　亚寒带　　　　　　　　　温带

空气和海流能重新分配热量，否则极地会更冷，赤道地区会更热。

从赤道开始，暖空气和暖流分别向南、北两极流动。

在气流和洋流通往极地的过程中，暖空气和暖流上升，冷空气和冷流下沉。

从赤道流出的暖流冷却后下沉，然后向赤道方向流回。

亚热带   热带

寒带地区通常特别寒冷。格陵兰岛大部分时间都被冰雪覆盖。在冬天，太阳连续数月都不升起，大地一直被黑暗笼罩。

圣诞树必须通过船只运过来，因为在寒带地区几乎没有植物生长。

这里的传统食物是海豹和鱼。水果和蔬菜则需要通过飞机运送过来，这些在冻土上无法种植。

狗拉的雪橇就没这些麻烦事！

10

在夏季，孩子们会有两个月的长假，以便充分享受一年中为数不多的阳光。

然而即使在 7 月份，人们通常也要穿着厚外套，因为天气依然寒冷。

11

热带是最热的气候带。这里常年炎热，不分四季，而是分为雨季和旱季。靠近赤道的热带地区几乎整年都非常湿润，降雨量很大。这里有茂密的雨林，生活着无数的动植物。热带地区拥有世界上水流量最大、支流最多的河流：南美洲的亚马孙河。这里的孩子经常乘船上学。

在赤道附近，温暖而潮湿的空气向上升起、冷却，形成了云，云朵随着空气的流动向北或向南移动，遇冷便下起雨来。

当空气流动到回归线附近，也就是太阳光仍能垂直照射的地方，它会再次下沉。在这里，空气变得非常干燥，以至于无法再形成云。这里天气炎热，降雨极少，只有少数植物能够生存下来，容易形成沙漠。

欧洲位于温带地区。温带冷热变换
明显，有晴天和雨天，会刮风和下雪，不同的
季节会有不同的天气。

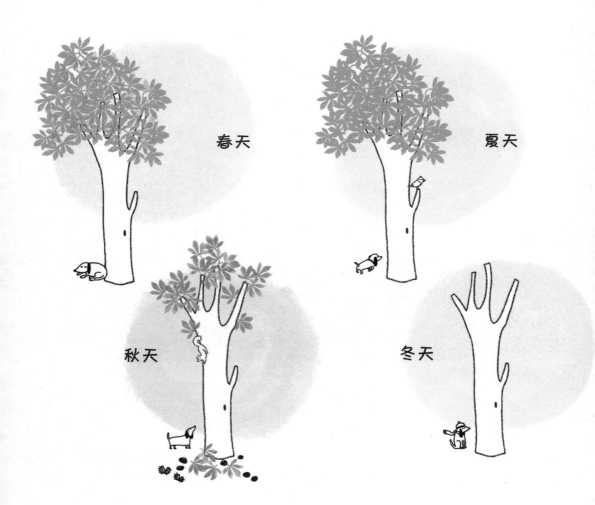

春天

夏天

秋天

冬天

在欧洲北部的波罗的海度假时，夏天可能非常凉爽，甚至会下雨。

而在欧洲南部，比如意大利，夏天却常常炎热而干燥。

总的来说，温带地区四季分明，夏季比冬季热得多。

季节的变化是由太阳引起的。

地球绕着太阳公转，这个过程需要一年的时间。同时，地球也自转，它像一只略微倾斜的陀螺。从 3 月到 9 月，北半球受到的阳光辐射更强，而在其他时候，南半球会得到更多光照。

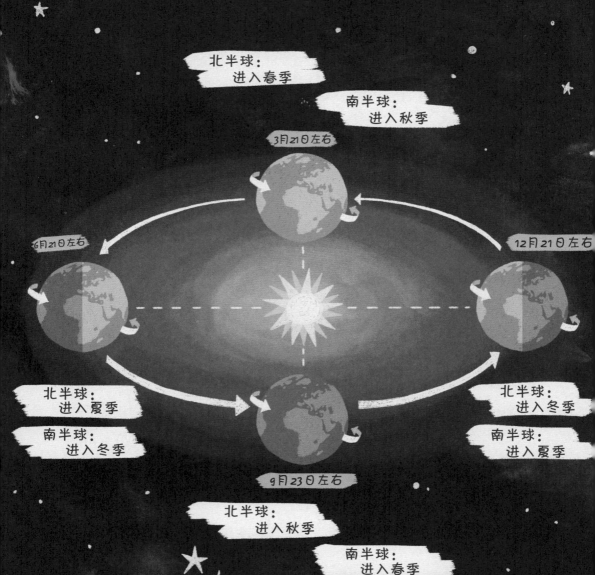

北半球：
进入春季

南半球：
进入秋季

3月21日左右

6月21日左右

12月21日左右

北半球：
进入夏季

南半球：
进入冬季

北半球：
进入冬季

南半球：
进入夏季

9月23日左右

北半球：
进入秋季

南半球：
进入春季

欧洲位于北半球。北半球受到阳光照射比南半球多时，欧洲会处于夏天，白天温暖而漫长。

澳大利亚位于南半球，当大部分阳光照射在南半球时，那里会是夏天，而北半球则是冬天。

澳大利亚和欧洲都有四季，但是对应的时间刚好相反。在澳大利亚，12月是最适合游泳的季节。

圣诞快乐！

气候并非一直如此。自地球形成以来的数十亿年里，气候一直在温暖和寒冷之间不断变化。

例如，当恐龙存在时，地球的气温比现在要高得多。

然而，大约6500万年前，一颗陨石撞击地球，气温在数年间变得非常低，导致恐龙和许多其他动物物种灭绝。

因为陨石造成了巨大的爆炸，将大量的尘埃和灰烬卷入大气层，只有少量阳光辐射到地球上。

没有光和热，许多植物无法生长，食草恐龙被饿死，进而食肉恐龙也没有了食物。

由于当时还没有人类存在，我们对恐龙及其环境的了解，都是基于当今研究人员的发现。他们通过骨骼化石和植物化石，试图重新构建过去的世界。

在末次冰期中，德国的部分地区被冰覆盖，这次冰期持续了大约 10 万年。大约 1 万年来，地球整体又开始变暖。

但大约在 400 年前的 17 世纪，气温再次急剧下降。这次寒冷时期并不长，所以被称为"小冰期"。

那时，冬天极其寒冷，夏天也很凉爽，这导致庄稼歉收，引发了饥荒。一些山区的村庄被迫搬迁，因为部分地区冰川增长非常迅猛。大河被冰封得非常厚实，甚至可以在冰面赶集。在 1608 年和 1621 年，人们甚至可以通过北海的冰面从德国大陆走到弗里西亚群岛上。

每次森林散步的时候，都能遇见气候变化的见证者。凭借它们的帮助，气候学家可以研究过去的气候状况。

人们可以通过树桩来数年轮，再根据年轮的数量判断树木的年龄，而树的年轮还能透露更多信息。

年轮

又宽又亮
＝
温暖、
湿润的天气

又窄又暗
＝
干燥、
凉爽的天气

科学家可以通过年轮了解气候的情况。树木在春季生长最为迅猛，而在夏季和秋季逐渐减缓，在冬季则停止生长。这些变化形成了年轮。

可在热带地区，全年都是温暖潮湿的。

那我们就无从下手了！

那样会没有年轮吗？

除了植物，钟乳石也可以揭示气候信息。

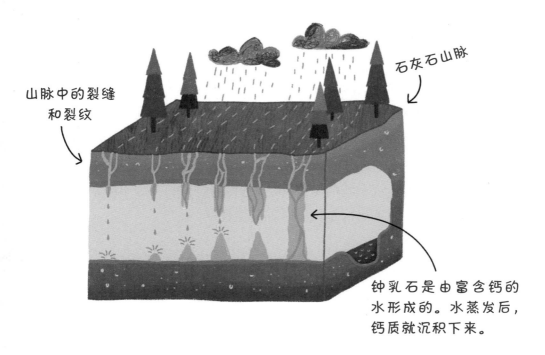

石灰石山脉

山脉中的裂缝和裂纹

钟乳石是由富含钙的水形成的。水蒸发后，钙质就沉积下来。

钟乳石中的空气可以告诉科学家钟乳石形成时降水量的情况。

冰为我们提供了数十万年的气候信息。

在格陵兰岛或南极洲，研究人员钻探至地下数千米，提取冰芯。冰是由积累了数千年的降雪形成的，新的冰层会从上面挤压下面的冰层。冰层越深，冰形成的时间越久。

在实验室中，研究人员会分析冰的厚度、冰中微小气泡和尘埃沉积物的组成等。通过这些分析，人们可以了解气候在数不尽的年代里是如何变化的。

南极洲是地球上最寒冷的大陆，
曾测得的最低温度为 −93.2℃。

尽管温度极低，但在南极洲工作的研究人员并不会感冒，因为没有人居住的地方就没有感冒病毒。

气候变化是很自然的事情。 但是，这些变化通常是非常缓慢的，发生在数千年甚至数百万年之间。

　　一个可能的解释是，地球绕太阳运行的轨道并不是完全保持不变的。随着时间的推移，它会发生令人难以察觉的变化：它是椭圆形的，但可能有时偏圆，有时偏扁。

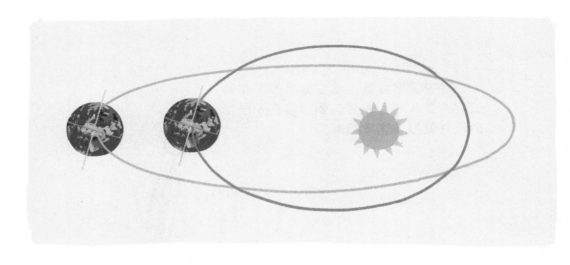

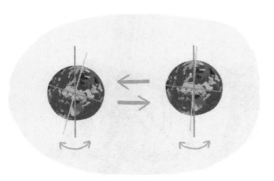

　　地球的倾斜角度也会发生波动。在冰河时期，地球距离太阳更远。在温暖时期，地球距太阳更近，有更多的阳光照射到地球上。

此外，太阳光的强烈程度也会变化。太阳上有太阳黑子，有时多，有时少。由于太阳黑子会引发高能量的爆发，因此在太阳黑子多的年份，我们会感受到地球变暖。在太阳黑子较少的阶段，地球会稍微凉一些。然而，科学家认为太阳黑子对气候的影响只是轻微的。

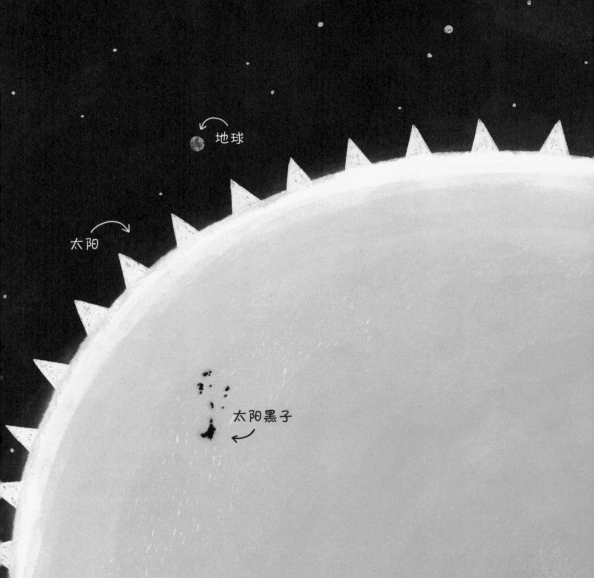

地球

太阳

太阳黑子

阳光使地球变暖。

地球表面会释放出部分热量。

大气中的温室气体

部分热量会被储存在大气中。

　　温室效应也属于自然对气候的影响。大气层像一层无形的包裹物将地球环绕，含有不同的气体，其中二氧化碳、甲烷、水蒸气和臭氧等是温室气体，它们有助于储存地球上的太阳热量。植物腐烂或火山喷发的过程会产生温室气体，我们呼出的气体中也含有温室气体。如果没有温室效应，地球将像冷冻箱一样寒冷，平均可能只有 -18℃。

地球表面会释放出部分热量。

大气中的温室气体

部分热量会被储存在大气中。

阳光使地球变暖。

温室气体一直存在，但如今人类生产出大量的温室气体，逐渐改变了大气层。在过去几十年中，汽车、飞机、工厂向大气中排放了大量温室气体，导致越来越多的太阳热量被储存起来。人们谈论气候变化时，通常指的就是这个，也就是人类生活方式影响下的地球变暖。

气溶胶

某些事件会突然改变大气成分，从而导致不同的气候。

1883 年，印度尼西亚的喀拉喀托火山爆发，其声音甚至可以在 4000 千米外的澳大利亚听到。如果驾驶汽车，需要连续两天才能行驶这么远。甚至在更远的纽约，日落突然变得像大火熊熊燃烧一样，一些人甚至报警求助消防队。

喀拉喀托火山喷发时释放出巨量的灰尘和气体。这些微小的悬浮颗粒在大气中聚集，被称为气溶胶。它们反射阳光，使其无法完全照射到地球上。因此，当时地球的气候在几年内变得寒冷。由于穿透气溶胶的主要是红色光线，所以世界上许多地方的天空曾因此变成了红色或粉红色。

着火了！

大气中存在气溶胶，例如沙漠沙尘或海盐颗粒。此外，人类活动也会产生大量的气溶胶，例如在工厂或车辆发动机燃料燃烧过程中排放的烟尘。一些气溶胶对气候有冷却效应，而另一些如煤烟颗粒等气溶胶则具有加热效应，因为它们吸收太阳的热量。科学家仍在研究气溶胶对当前气候变化的影响程度，但气候变化最主要的原因是人类往大气中排放温室气体。

为获取能量，人们燃烧煤炭、石油和天然气，这是人为产生温室气体的主要原因。我们利用这些能源做很多事情。我们在家里、学校和商店中时，会消耗来自火力发电厂的电；出行时使用汽车，会消耗从石油中提炼出的汽油；冬天使用暖气时，会消耗天然气。

沼泽

泥炭

褐煤

天然气

石油

硬煤

煤炭、石油和天然气被称为化石燃料。它们非常古老，是从地下深处开采的。它们的主要成分是植物的遗体，所以储存了大量的碳。植物通过吸收二氧化碳并将其转化为含碳的有机物，从而获取生长所需的能量。我们燃烧化石燃料时，可以利用其中储存的能量，但这会使碳再次转化为二氧化碳，释放到大气中。

海洋

工业对近一半的温室气体
排放负有责任。

许多工厂，如发电厂等，
会释放大量温室气体。

在钢铁厂，铁被炼成钢，用于制造机器、汽车和工
具。这需要高温加热，会消耗大量能源。

炼钢厂

火力发电厂通过燃烧煤炭，产生我们所有人都在使用的电力。

火力发电厂

我们购买的几乎所有物品都是在工厂中生产出来的。在工厂中，工人们加工和包装食品，制造纸张，把塑料制成玩具……

37

大约 250 年前，出现了许多发明。以前由人完成的工作，现在可以交给机器来做。充满机械设备的工厂出现了，它们能够大批量地生产各种商品。城市逐渐发展壮大，因为许多人为了在工厂里工作，从农村搬到了城市。这一时期被称为工业革命时期。自那时以来，能源消耗越来越多。

在工业革命之前，人们能在自己的家里制作很多东西，例如纺纱、编织地毯或烧制瓷器。商品由客户直接购买或用马车运到当地商人那里。后来，有人发明了珍妮纺纱机，它是一种可以同时纺织多根纱线、可以替代许多纺纱工和织布工的机器，从此，一切就开始发生了变化。

　　最重要的发明是蒸汽机。借助蒸汽机，人们可以驱动工厂中的机器，以更快的速度生产更多商品。蒸汽机还可以驱动火车和轮船，将物资和商品运送到遥远的地方。发动蒸汽机需要大量的煤炭。修铁路、造船都需要铁，而开采铁矿则需要蒸汽机。所有这些需求，都推动了工业的不断发展。

制造大多数物品需要使用不同的材料。有许多材料是从远处运输过来的，那是因为在其他国家生产往往更便宜。

中国

欧洲

印度

波兰

荷兰

土耳其

大多数产品在制作完成并出售之前，会漫游多个不同的地点。

一条牛仔裤在抵达我们的
衣柜之前，通常已经经历了
一次环球旅行。

1. 种植棉花

2. 采摘棉花

3. 纺线

4. 染线

5. 把线织成布

6. 裁缝裁剪牛仔裤

6.a 裁剪图样

6.b 钉纽扣和安拉链

7. 根据不同的风格需求，进行不同的洗水工艺处理

8. 运输到百货商店

9. 购买牛仔裤

41

许多物品最终的归宿都是垃圾桶，有的是整个物品，有的是残余物、包装材料。如果对垃圾进行分类处理，就可以将其转化为新产品，这个过程被称为回收利用。通过利用旧物品创造新物品，可以节省原材料等资源，减少温室气体的排放。

废旧玻璃
废玻璃会被熔化，然后被加工成新的玻璃制品，如玻璃瓶。

废纸桶
废纸可以制成新纸。

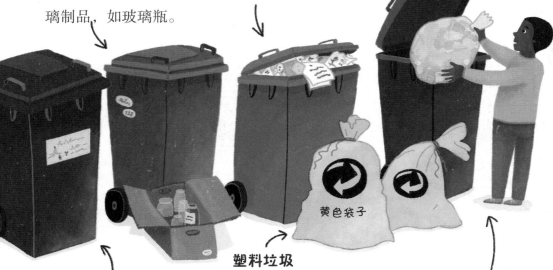

塑料垃圾

黄色袋子

有机垃圾桶
厨房和花园的废弃物，如蛋壳、香蕉皮或树叶，会腐烂并转化为堆肥，用于给花朵或蔬菜施肥。

其他垃圾
其他垃圾无法再利用，会被储存在垃圾填埋场或被焚烧。焚烧会产生二氧化碳。

制造塑料会消耗大量石油和能源，并产生大量温室气体。当我们丢弃塑料制品，如旧瓶子、玩具、吸管或袋子时，超过一半的塑料并不会被回收，而是被焚烧。这会导致更多的温室气体排放。

如果将各种不同颜色和类型的混合塑料垃圾熔化、加工，制造出来的通常是深色的塑料制品，例如箱子。而在制造鲜艳、明亮的新物品时，通常要使用新生产的塑料。

并非每个人都能正确处理垃圾，而塑料的自然分解过程又极其缓慢，因此塑料越来越多，遍布在地球上。塑料即使只是散落在地上或漂浮在海洋中，也会释放温室气体。在阳光的照射下，塑料会逐渐分解为越来越小的颗粒，释放出甲烷等气体。

在城市里，有时骑自行车比乘坐其他交通工具更快。不愿意骑自行车的人可以选择乘坐公共汽车或地铁。在乡村，许多人需要汽车，因为即便是最近的超市或医院也离得很远。飞机每天都会将旅客送往世界各地，无论是去度假、拜亲访友，还是参加重要的商务会议，所有这些活动都会导致大量二氧化碳排放到空气中。

如果乘坐公共交通工具，如公交车、地铁或有轨电车，每位乘客产生的温室气体排放量会比乘坐小汽车低，因为它们可以同时运载许多人。飞机尽管有很多座位，但对温室效应的影响特别大。飞机使用煤油作为燃料，而煤油与汽油、柴油一样，都是由石油提炼而来。飞机起飞需要燃烧大量煤油，产生二氧化碳等有害物质。

每人每千米排放出的温室气体的量

0 克

约 47.5 克

约 65 克

约 75 克

约 140 克

约 200 克

检查清单

节能很简单，可以做好以下几点：

1. 平时关好窗户，不让热量逃走。 ☑

2. 在白天开窗通风，开窗应时间短、频率高。 ☑

3. 离开房间时关灯。 ☑

4. 不要让设备处于待机状态。 ☑

5. 通风时关闭暖气。 ◻

在家中，我们总是不断
需要能源。然而，我们所做的许
多事情中，也有对气候的影响不那么
大的，如踢足球和捉迷藏。

屋顶或花园中的太阳
能电池板可以将阳光转化
为能源，从而减少我们对
煤炭等的需求。

但是，足球不也
是从工厂里制造
出来的吗？

我们可以**在餐桌**上、冰箱里或饭盒中找到一些人类活动导致温室气体生成的原因。许多食物，特别是动物产品，会加剧气候变化。

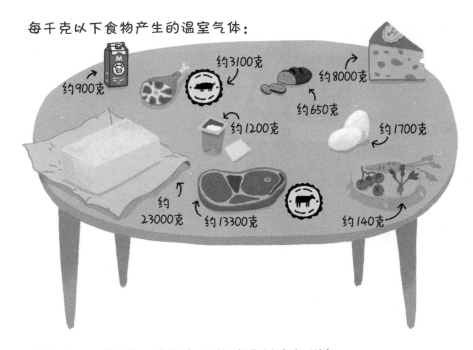

每千克以下食物产生的温室气体：

约900克
约3100克
约8000克
约650克
约1700克
约1200克
约23000克
约13300克
约140克

在过去100年里，动物产品的消费量大幅增加。许多人无肉不欢，动物产品是家常便饭。

人均每年消耗的食物数量：

酸奶约17千克

鸡蛋约130只

黄油约6千克

在未来，昆虫有可能会取代许多现有的肉类。这很环保，也有利于稳定气候。饲养昆虫的成本比饲养家畜、家禽要低得多，占用的空间也更小。

食物怎么会产生温室气体呢？ 让我们来看看，生产食物的每个步骤中会释放多少温室气体。

我们为了满足自己对食物的需求，要养殖很多动物。动物也需要食物，这就需要更多土地种植草料。为了获得合适的牧场，草地和森林会被破坏。在种植、收割和加工草料的过程中，农民还使用各种机器、肥料，它们都会释放温室气体。

畜舍需要加热和清洁，因此，养殖动物需要消耗能源。而动物本身也会排放温室气体，比如牛在打嗝、放屁时，会释放大量的甲烷。

食物在加工、运输和冷藏过程中也会产生温室气体。以牛奶为例：首先，奶牛经由自动挤奶机挤出牛奶，牛奶被输送到冷藏罐中；然后，冷藏罐被运送到乳品厂；牛奶在乳品厂被加热、清洁、灌装，或进一步加工成酸奶、黄油或奶油等产品；最后，卡车将所有产品运输到超市，而超市的冰箱、照明设施和收银机也都需要消耗电力。

计算一件食物会产生多少温室气体时，我们必须考虑所有相关因素，甚至开车去超市和用冰箱存储食物都要考虑。浪费也是因素之一。许多好的食物仅仅因为看起来不好或超过了最佳食用期限就被浪费掉，这就需要生产更多新食物。

只吃水果或蔬菜会对气候有利吗？

有利也有弊。许多人被称为素食主义者，他们为了保护动物和环境放弃吃肉。严格的素食主义者从饮食计划中彻底剔除了所有动物来源的食物，这种饮食方式的确总体上减少了温室气体的排放。

但蔬菜和水果也可能对气候不利。当它们在远离我们的地方种植，并需要通过飞机、轮船、卡车运输时，情况就会如此。由于运输时间较长，为防止变质，商品必须冷藏。使用这些交通工具和冷藏手段，都会额外消耗能源并产生二氧化碳。

因此，吃本地水果和吃从南美洲进口的水果是有区别的。对气候影响最小的是当地的应季产品，它们不需要在温室中种植，也不需要从远处运来。我们如果喜欢吃肉、蛋、奶，也可以注意产品的来源。许多农民在市场销售自己的产品。如果有菜园，我们可以自己种植草药、蔬菜和水果。

从爷爷奶奶还是孩子的时候算起，直到现在，世界人口大约增加了两倍，而且还在继续增长。地球上平均每一秒钟约有 3 个新生儿诞生，这增加了资源消耗和温室气体排放。因为越来越多的人需要吃喝，许多人想要开车、旅行和购买漂亮的东西。这导致了能源消耗增加，我们需要更多的农业用地、更多的家畜、更多的物品、更多的水资源。

为确保所有人都能健康生活，各国政府和科学家正在努力寻找解决方案，让人们既能获得所需的营养，又能尽量减少日常活动对气候的影响，并节约水、燃料等资源。我们必须迅速采取行动，因为气候变化已经产生了世界性的影响。

　　由于地球变暖，极端天气也频频发生。强热浪会使植物干枯，引发森林火灾，造成饮用水短缺。高温也可能导致暴风雨，因为温暖的空气能够储存更多水蒸气，从而形成更多云层。

　　极端天气有时会持续数天甚至数周，原因之一是极地的升温程度比世界其他地区更高，极地与赤道的温差变小，从赤道流向极地的风变得缓慢，热浪或暴风雨不再像以前那样迅速消散。

高温、暴雨和风暴可能会损坏道路和房屋，而修复工作需要大量资金。因此，人们试图通过新建排水系统等手段预防自然灾害，但更好的方法是尽量保持自然景观不受破坏。

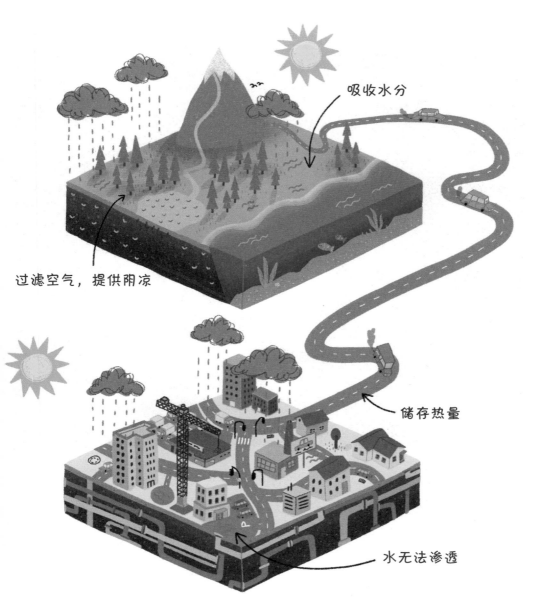

吸收水分

过滤空气，提供阴凉

储存热量

水无法渗透

冰雪反射绝大部分阳光，从而使地球保持凉爽。然而，由于地球变暖，大量的冰雪正在融化。土地和水的颜色不像冰雪一样白，因此反射的阳光更少，吸收的热量更多，这会导致气温进一步升高。而气温升高，冰雪也融化得更多。

阿尔卑斯山地区的雪和冰越来越少。该地区一些滑雪胜地经常需要使用雪炮来制雪。冰川也在融化。冰川是由无数层积雪形成的巨大冰块。当融化的冰超过降雪量时，冰川就会缩小。

大量的冰川融水可能导致洪水和山体滑坡。由于冰川是蓄水库，因此当冰川融化时，饮用水供应会变得更加困难。

研究人员正试图保护冰川，例如使用特殊薄膜或人工雪层覆盖冰川。

北极地区很多冰川都融化了。由于气候变化的原因，北极变得温暖，全年覆盖在海洋上的巨大冰盖正在逐渐减少，因为在夏季融化的冰比冬季形成的冰更多。

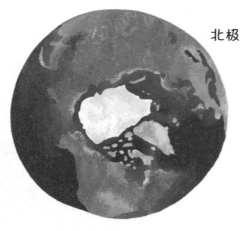

北极地区冰盖（1984 年）

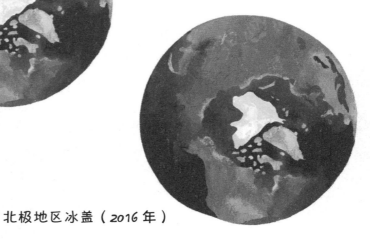

北极地区冰盖（2016 年）

北极和南极的陆地上也覆盖着冰，它们正缓慢地滑向海里。以前，海上通常漂浮着较薄的冰。随着水温升高，海冰融化，陆地上的冰可能更快地滑入海洋，然后破裂、融化。

研究人员正在思考如何减缓这个过程。他们有各种各样的想法，例如建巨大的堤坝，将温暖的海流与冰层隔开。

北极熊在冰层上等待着猎物的出现。由于冰层融化，它们没有足够的空间来捕猎海豹，所以会更频繁地靠近人类的定居点。

北极地区

在南极，企鹅食物短缺。它们捕食的鱼虾不能适应海洋温度的上升，数量正变得越来越少。

南极地区

永久冻土开始融化。
在北半球，永久冻土约占陆地面积
的四分之一。

二氧化碳

早在几十年前，永久冻土的深层
保持着冰冻状态，即使在夏天也是如
此。但现在随着全球变暖，永久冻土
的融化越来越严重。

土壤开始变得松软，建筑物不再
稳固，面临下沉的威胁，有时整个村
庄都被迫迁移。

这将导致更高的温度，更多的冻土融化，更多的动植物在腐烂时释放温室气体，从而形成恶性循环。

甲烷

动植物残骸

同时，融化的永久冻土也会加剧气候的变化，因为其中冻结着许多动植物，一旦解冻，它们就会开始腐烂，释放出二氧化碳和甲烷等温室气体。

全世界的海平面都在上升。当今的海水比
150 年前要高出大约 20 厘米，因为冰川融化导致海水越来
越多。此外，海洋也在变暖，而温暖的海水体积会膨胀。
许多沿海地区越来越频繁地遭受洪水等水灾的困扰。

欧洲瓦登海的一些小岛地势非常平坦，经常被淹没，被淹没时，只有建在小山上的房屋能露出水面。过去，每年大约会出现10—20次"水下世界"，现在已经增加到每年50次。

在德国，堤坝和沙丘保护着陆地免受海潮侵袭，低于海平面的堤坝和道路必须被加高。冬天，人们会重新填充沿海被风浪卷走的沙子。但对某些国家来说，沿海保护成本太高，因此，世界上有许多岛屿存在沉入海中的危险。

自然界中的一切都相互联系和影响。共享同一生态环境的动植物相互依存，当某些因素发生变化时，这样的平衡就会被打破。

小丑鱼会在海葵的触手中躲避敌人。如果海葵大量死亡，小丑鱼将失去生存空间。

珊瑚过分受热时，会产生含硫化合物。这种物质从水中升到大气层中，有助于形成能够提供阴凉的云，然而却不足以给海洋降温。

海洋吸收了人类额外排放的二氧化碳，在过去 150 年里，海洋表面已经升温 1℃。

在温暖的水域中，鲨鱼比在凉爽的水域更饥饿。然而，海洋中过多的二氧化碳干扰了它们的嗅觉，导致它们捕食较少。

像海龟这样的猎物开始大量繁殖，它们吃掉了海底的海草。然而，这些海草对于二氧化碳的吸收至关重要。

珊瑚礁通过藻类来获取营养，形成鲜艳的色彩。在温暖环境下，藻类会产生毒素。这会导致珊瑚对它们产生排斥，进而褪色，并因无法获取足够的营养而饿死。

人们破坏了大片的森林，例如，当下的热带雨林只是 50 年前的一半。而森林是成千上万种动植物的重要栖息地，并且能够吸收空气中的二氧化碳。

人们大量砍伐热带雨林，以此获取化石燃料，同时退林还耕，栽种其他作物，新作物会加工成动物饲料、生物燃料或植物油。通常，被砍伐的树木会被焚烧，这过程中又会额外产生二氧化碳。

天气现在已经转暖，如果山雀过早下蛋，会没有足够的毛毛虫来喂养雏鸟。

我们在门前的花园里种一片树林吧！

然后直接在窗前搭一个树屋。

欧洲中部的森林也受到了影响。在夏季，炎热、干旱现象频发，树木生长缓慢。最终，树木不再发芽和结果，新的树木可能会死亡，因为根部无法深入地下吸收更深层的水分。有些年份降雨量过多，这也不利于树木生长，因为树根可能会腐烂。

某些地区变得越来越干旱，某些地区则变得过于湿润。

　　由于地球变暖，沙漠正在不断扩张，很多曾经自给自足的小农户无法再种植。为了灌溉农田，他们要从河流中引水，可现在河流干涸了。而当偶有降雨时，土壤因太干不吸水，最上层稍有营养的土壤反而被冲刷掉。

　　干旱地区的居民可以尝试阻止沙漠化，例如种植不会进一步耗水的植物。然而，面对气候变化，他们也无能为力。

　　另有些地区降雨非常频繁，或者海平面非常高，农田经常会被水淹。有时可以采取创造性的解决方案，例如尝试种植适应盐水泛滥的稻谷品种，或者建造能够漂浮的菜园。

贫穷国家的人民往往受全球变暖影响最大，因为面对气候变化带来的后果，如粮食减产、严重的自然灾害等，他们通常得不到政府的帮助。然而不公平的是，其实富裕国家对气候变化负有主要责任。

　　许多人被迫离开家园，因为无法再在那里继续生存下去。其中一些人来到了欧洲，但大多数人没有离开太远，因为他们没有足够的钱长途旅行。

　　我们很难准确估计有多少人由于气候变化而被迫离开家园，因为如战争等原因也会迫使人们背井离乡。

这些地区受气候变化影响特别大：

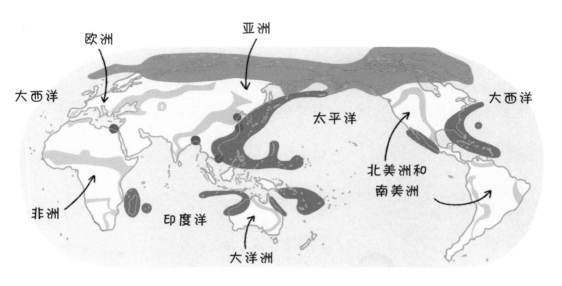

欧洲

亚洲

大西洋

大西洋

太平洋

非洲

印度洋

北美洲和
南美洲

大洋洲

易受海洋活动影响的海岸地区　飓风多发区

广阔的河口三角洲　小型岛屿

受冰川和永久冻土融化
威胁的地区　受荒漠化和干旱威胁的地区

政治家在考虑解决气候问题的方案。

政府官员可以在宏观层面上发起变革，影响人们的生活方式。他们可以制定法律来禁止某些事物。例如，禁止使用塑料吸管或者不再免费提供塑料袋等。他们也可以鼓励某些事物的发展，比如修建新的自行车道。

气候变化是全球性的，因此，每年各国的政治家们都会聚集在一起，共同制订应对气候变化的计划。但每个国家都有不同的问题和愿望，所以往往很难达成一致。

在一项气候协议中，194 个国家和地区的代表都同意严格控制地球变暖的速度。然而，如何实现这一目标可以由每个国家自行决定，例如，在何时之前减少多少温室气体排放量，如何实现这一目标。

巴黎协定

1. 控制全球气温**上升**在 **1.5℃**以内。

2. 从 <u>2050</u> 年起，人类排放的温室气体应控制在植物能吸收的范围内。

3. 工业发达的国家应该<u>支持</u>贫穷国家采取行动应对气候变化。

4. 每个国家都需要报告其排放的温室气体数量，并制订减排计划。

利用风、阳光或水也可以发电，
而且不会释放二氧化碳，比起会产生温室气体的火
力发电，这些都是很好的替代方案。

风力涡轮机带动
发电机产生电力。

希望不要伤到
鸟儿！

无论我们是否利用阳光和风发电，阳光和风都一直存在于地球上。

它们不像煤炭、石油或天然气那样，被使用后就会减少，直至耗尽，因此被称为"可再生能源"。

德国的核电站正在逐步关闭。

核能很环保！

但也很危险！

如今，德国不再开采煤炭，并计划在 2038 年关闭所有火力发电厂。

以前有很多人在那里工作。

关闭

他们不能学习如何制造风力涡轮机吗？

车辆也要更加环保。

燃油机动车排放的废气尤其有害，一些城市已经实行了禁行措施，但这只是万不得已的措施。为了持续改善空气质量，更多人应该乘坐公共交通工具。

并非所有地方都能乘公共汽车、火车或骑自行车，因此我们需要其他的燃料来替代石油。我们可以从植物中提取燃料，但得种植大量的油菜、玉米、小麦等，需要大面积的种植基地。这可能会影响动植物的生存环境。

　　有些汽车使用电池，不需要燃料，但为了减少二氧化碳排放，电池充电的电流必须来自可再生能源。

　　另一些汽车将氢能转化为电能，但目前我们仍然需要使用天然气制氢。

要想改变，就得花钱。例如，为了更好地过滤工厂的废气，需要购买新的过滤器。但是许多公司不会自愿采取行动，因为他们希望以最低的成本生产产品，从而以低价提供给产品客户。

炭排放权交易是这样进行的：

最近一段时间以来，企业每排放一吨二氧化碳都需要一张配额证明。

那么，另一家公司就可以随意污染空气了？

国家

一家公司如果排放更少的二氧化碳，就可以将剩余的配额证明出售给证券交易所或其他公司。这样一来，它就可以通过减少碳排放来赚钱。

公司向政府付钱，即所谓的税款。政府可以用税款建设新的自行车道等。此外，公司向员工支付工资。就业和税收很重要，因此政府会考虑公司的利益。例如，政府会支持那些希望升级技术的企业。

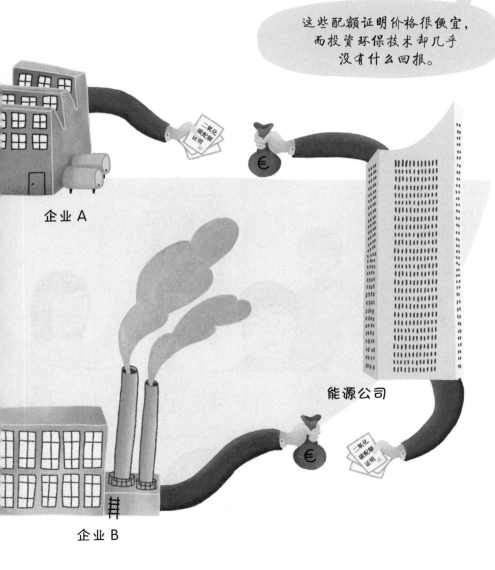

企业 A

能源公司

企业 B

在一些国家，儿童和青少年对政治家的工作并不总是很满意。他们认为政治家必须采取更多行动，来控制温室气体的排放。因为他们将来必须面对现在的成年人造成的气候变化后果。

地球变暖的程度，取决于我们减少温室气体排放的程度。我们今天已经看到，即使温度只上升1℃，自然界也会产生翻天覆地的变化。

未来150年会是什么样呢？无论温度上升1℃、2℃，还是5℃，地球都会发生巨大的变化，因为某些变化会不断加速，如永久冻土和冰川的融化。

为了减缓气候变化，科学家正在努力寻找新的解决方案。

有的在考虑从大气中提取二氧化碳，将其转化为煤。

还有人从火山喷发的例子中汲取灵感，想象用飞机将气溶胶释放到大气中，以此反射阳光，降低温度。

然而，这些方法是否真正有效尚不清楚。唯一确定的是，我们必须减少温室气体排放。

我们所做的一切几乎都会对气候产生一定的影响，这既是坏消息，也是好消息，因为它意味着我们既可以破坏气候，也可以保护气候。

可以用"生态足迹"的概念理解每个人对气候的影响。

生态足迹是我们在地球上留下的痕迹，指为满足我们日常消费、处理我们产生的垃圾所需的土地和水域面积。

如果每个人都像欧洲中部人一样，我们得需要好几个地球才能维持生活。

欧洲中部的人经常乘飞机、在超市购买食物、频繁购买新衣服、每天食用肉类……这些行为消耗的资源，超过了地球所能提供的限度。

人类和其他动物释放出二氧化碳，植物将其吸收并转化。然而，世界上的人口越来越多，森林却越来越少，这种循环失去了平衡。有些人类活动对碳循环和气候影响很大。

　　一棵树终其一生才能吸收约 500 千克的二氧化碳，而我们却只需很短的时间，就能产生这么多二氧化碳！

　　我们可以计算一下，每个人需要多少棵树才能减少一定量的二氧化碳。

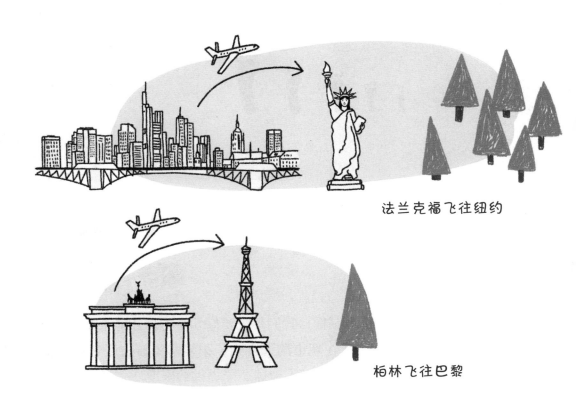

法兰克福飞往纽约

柏林飞往巴黎

一年的用电量

驾驶汽车一年

游轮旅行一周

一年所需的动植物产品

但是我们不去纽约看奶奶吗?

有人委托各种组织种植树木,帮助恢复碳循环的平衡。

为了保护气候，减少温室气体排放，我们可以在未来采取以下生活方式：

建设完善的自行车道和人行道，确保安全、轻松的骑行和步行环境。

绿化屋顶，利用所有可用空地种植水果和蔬菜。

为蜜蜂等昆虫提供栖息地和充足的食物。

房屋做好保温隔热，减少家庭供暖的需求。

家庭自己发电，产生的电力不但家里够用，还能给电动汽车充电。

只购买真正需要的物品。

顾客自己携带购物袋，减少包装垃圾。商户优先选择本地生产的产品和材料。

尽量利用可回收的垃圾生产新能源、制造新产品，或把垃圾用作植物肥料。

著作权合同登记号 01-2024-1792

Original Title: Wie viel wärmer ist 1 Grad?
Was beim Klimawandel passiert
Translation by Song Jialu
Copyright © 2019 Beltz & Gelberg
in the publishing group Beltz – Weinheim Basel

图书在版编目（CIP）数据

地球之温：气温上升 1℃，世界会如何改变？ /
（德）克里斯蒂娜·舒马赫－施赖伯著；（德）斯蒂芬妮·
玛丽安绘；宋佳露译 .-- 北京：朝华出版社，2024.4
（大自然的诗篇）
ISBN 978-7-5054-5461-3

Ⅰ.①地…　Ⅱ.①克…②斯…③宋…　Ⅲ.①温室效
应—青少年读物　Ⅳ.① X16-49

中国国家版本馆 CIP 数据核字（2024）第 065124 号

审图号：GS 京（2024）0795 号
本书插图系原文原图

地球之温——气温上升 1℃，世界会如何改变？

作　　者	［德］克里斯蒂娜·舒马赫－施赖伯
绘　　者	［德］斯蒂芬妮·玛丽安
译　　者	宋佳露

选题策划	王晓丹
责任编辑	王晓丹　赵　星
特约编辑	徐建松　乔　熙
责任印制	陆竞赢　崔　航
封面设计	雷双华
排版制作	步步赢图文

出版发行	朝华出版社		
社　　址	北京市西城区百万庄大街 24 号	邮政编码	100037
订购电话	（010）68996522		
传　　真	（010）88415258（发行部）		
联系版权	zhbq@cicg.org.cn		
网　　址	http://zhcb.cicg.org.cn		
印　　刷	北京侨友印刷有限公司		
经　　销	全国新华书店		
开　　本	710mm×960mm　1/16	字　　数	86 千字
印　　张	6		
版　　次	2024 年 4 月第 1 版　2024 年 4 月第 1 次印刷		
装　　别	平		
书　　号	ISBN 978-7-5054-5461-3		
定　　价	42.00 元		